DES

INONDATIONS EN FRANCE

ET DES

MOYENS DE S'EN PRÉSERVER

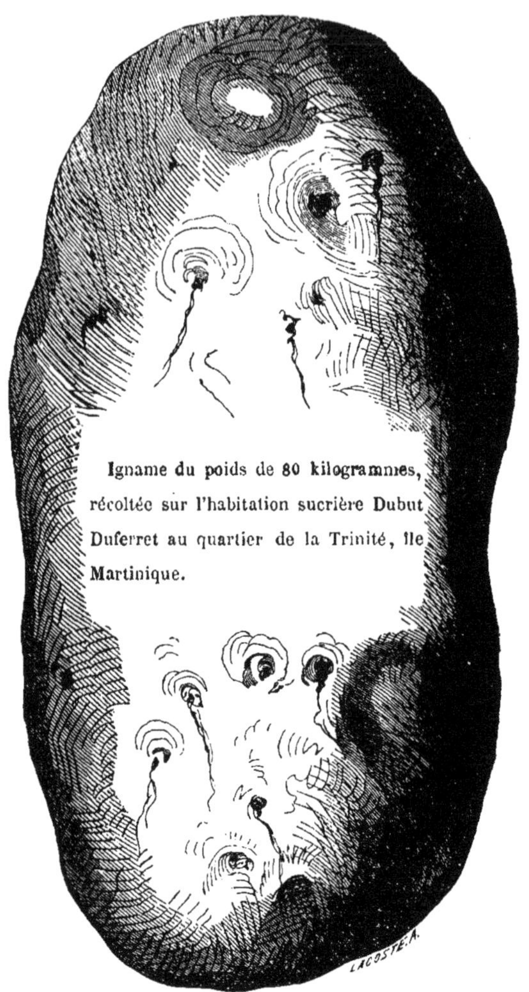

La vulgarisation de la culture de cette racine alimentaire *à fécule*, en France, y deviendra, avec la sériciculture ailantine, la planche de salut des classes indigentes, tout en apportant de nouveaux éléments de bien-être et de tranquillité pour le pays.

DES

INONDATIONS EN FRANCE

ET DES

MOYENS DE S'EN PRÉSERVER

SYSTÈME COMPLET

Contenant l'exposé d'une méthode pour opérer le reboisement sans frais, par la culture préparatoire de l'IGNAME, (VARIÉTÉ DIOSCOREA ALATA, DE LINNÉ) racine alimentaire à fécule, supérieure à la pomme de terre

DEUXIÈME ÉDITION

AUGMENTÉE DE L'EXPOSÉ D'UN NOUVEAU SYSTÈME POUR OBTENIR LA RÉGÉNÉRATION DE NOTRE AGRICULTURE

Multa in paucis.

« Le fléau des inondations est une affreuse calamité publique; le devoir de tout bon gouvernement est de s'occuper sérieusement de l'application des meilleurs moyens pour en prévenir le retour. »

PAR

A. J. REYDEMORANDE

Ancien colon d'Amérique, auteur de l'Examen critique du *Cosmos* de Humboldt, d'une Nouvelle physique de l'univers, d'une Nouvelle théorie de la végétation; Nouvelle source de richesses, ou les deux Indes reconquises, plus de famines, plus de disettes, etc., etc.

PRIX : 1 FRANC

PARIS
CHEZ L'AUTEUR, AUX BUREAUX DU *MONDE INDUSTRIEL*
Rue du Faubourg-Montmartre, 17
ET A LA LIBRAIRIE DU *ROSIER DE MARIE*
Passage Colbert, 16

1867

En envoyant *franco* 1 franc de timbres-poste, on recevra en retour l'ouvrage *franc de port*, par la poste.

AVANT-PROPOS

L'auteur de cet opuscule l'avait d'abord publié en 1856 au profit des inondés, afin d'apporter son obole pour le soulagement d'infortunes qui ne se renouvelleront plus, si l'on consent à réaliser son programme. En le soumettant de nouveau à l'examen de son pays, il doit croire qu'il y recevra un accueil favorable, puisque son système n'est que la réunion de tous les moyens proposés par les plus hautes intelligences pour s'opposer au fléau des inondations.

La seule part personnelle revenant à l'auteur dans ce faible travail, est l'indication des procédés de la culture préparatoire de la variété de l'igname *alata*, pour faciliter l'application de son nouveau système de reboisement par grands arbres fruitiers; système qui a aussi pour but d'assurer un travail agricole permanent et productif, avec de nouvelles ressources alimentaires, à nos populations si fortement agglomérées.

Quel que soit le jugement du public sur ce travail à peine ébauché et bien imparfait, le but de l'auteur sera atteint, s'il est parvenu seulement à tracer une route avantageuse pour augmenter le bien-être du pays. Cette assurance bien fondée, qu'un peu plus tôt ou un peu plus tard, les jalons qu'il a plantés pourront servir à guider de plus habiles et de mieux placés que lui pour mettre en pratique les améliorations qu'il a signalées; cette conviction a été son unique soutien dans sa longue et pénible odyssée contre les erreurs et les préjugés de son siècle. Persuadé qu'il devait aussi apporter sa pierre à l'édifice du progrès, l'accomplissement de ce devoir a suffi pour l'encourager à combattre, sans aigreur et philosophiquement, les oppositions continuelles et insurmontables qu'il a rencontrées, comme tant d'autres, lorsqu'il a voulu doter son pays du fruit de ses travaux et de ses observations.

NOTA. MM. les journalistes sont priés de donner de la publicité à cette œuvre, toute dans l'intérêt du pays et des inondés.

DES

INONDATIONS EN FRANCE

ET DES

MOYENS DE S'EN PRÉSERVER

---

§ 1er. — PROGRAMME.

Moyens de s'y soustraire par un système *complet* qui assure :

1° Un travail productif et permanent aux habitants de toutes les communes rurales;

2° De nouveaux et fructueux éléments pour procurer la vie à bon marché, — la population fût-elle doublée,

3° L'ordre, la sécurité et la prospérité pour toujours, dans l'État.

Voilà certes un beau programme, qui promet sans doute beaucoup plus qu'il ne pourra tenir, dit en souriant ironiquement le lecteur même le plus bénévole. Avec quelle baguette magique, ce nouvel enchanteur. arrivant tout essoufflé de la foire aux idées, prétend-il opérer ces miracles? Voyons, apprêtons-nous à rire, quoique le sujet soit grave et du plus haut intérêt, et écoutons pour savoir de quoi va accoucher cette montagne dans l'enfantement.

Un moment, trop peu bienveillant lecteur, respirons un peu, et parlons raison; car nous pensons avoir affaire à des hommes sérieux et de bonne foi, espèce rare, excessivement rare dans notre siècle, vous en conviendrez, si vous pesez bien la valeur de ces deux mots.

Supposons qu'un homme, il y a seulement un demi-siècle, eût osé avancer qu'on parviendrait facilement, -- par la simple application à la mécanique, de la force motrice de la vapeur, — à franchir en quelques jours les distances qui exigeaient plusieurs mois, et en quelques mois, celles qui demandaient des années... qu'il se fût permis de soutenir qu'on pourrait correspondre en *quelques minutes, en tout temps et en tous lieux* (avec le télégraphe électrique), à des distances qui demanderaient plusieurs mois pour se mettre en communication par les moyens connus...

Des hommes graves, des hommes instruits, eussent répondu... mais non, ils n'auraient rien répondu; ils se seraient contentés de tourner le dos, après, peut-être, avoir ri au nez du sot impertinent qui aurait eu le malheur de devancer l'esprit de son siècle, et qui aurait pris la liberté grande d'assourdir le public avec de pareilles sornettes. Bref, ce rival, en herbe, de Fulton et de Franklin eût été éconduit comme il le méritait; il eût été pour le moins mis à l'index, bien heureux encore si on ne lui eût pas réservé le sort de Salomon de Caus.

C'est bien là le côté sérieux de l'histoire de la marche du progrès dans l'humanité, tandis que le ridicule amour-propre des Sangrados nous en fournit l'autre face non moins déplorable et tout aussi véridique, mais présentée sous une forme grotesque et plaisante. Convenons aussi que si on ne persécute plus aujourd'hui les grands novateurs, comme au temps de Salomon de Caus et de Galilée, toute idée supérieure qui se produit en dehors de l'ornière n'en rencontre pas moins sur son chemin, et plus qu'autrefois, un plus grand nombre de Sangrados et de jongleurs ayant le plus grand intérêt à l'étouffer. Lorsque nous venons proposer les meilleurs moyens, selon nous, pour élever des digues et pour mettre un terme aux dévastations et aux ravages causés par les torrents et les fleuves, nous ne pouvons pas ignorer qu'il y a auparavant un obstacle bien plus difficile à surmonter : c'est ce mur d'airain d'erreurs, de préjugés, d'amours-propres froissés et d'intérêts particuliers, en opposition avec les intérêts généraux, — toujours dressé devant toute conception d'une haute portée. Cependant nous savons aussi que, lorsque la tâche entreprise est grande et belle, si on ne réussit à l'accomplir, même seulement qu'en partie, il en résulte toujours un bien pour le pays; les jalons plantés ne sont jamais ni tout à fait perdus, ni tout à fait inutiles.

Mœris, qui a donné son nom, sous les sages Pharaon, à cet immense réservoir creusé à mains d'hommes pour augmenter la fertilité de l'Égypte, a certainement acquis une mémoire impérissable dans les fastes de l'histoire, et qui est consacrée par de justes éloges... Qu'est-ce que cela prouve! dira-t-on; il n'y a aucune comparaison à établir entre ces époques et la nôtre. Autres temps, autres mœurs. La Bourse et les jeux de l'agiotage n'existaient pas alors : les émotions qu'ils procurent ont remplacé chez les peuples modernes les émotions des jeux olympiques ou de nos anciens tournois; il n'est pas question de savoir qui a gagné à cette transformation, il suffit de constater qu'elle existe. Votre citation du lac Mœris doit donc être considérée, par les peuples modernes, ni plus ni moins que comme une de ces antiques fictions du paganisme.

Ce qui n'est sans doute pas une fiction, et ce qui est une vérité éternelle, pressante et de toute actualité, c'est ce besoin suprême des nations de vivre avant tout, en cultivant cette terre dont l'auteur de toutes choses leur a abandonné les productions, à la condition que ses habitants la rendraient fertile à la sueur de leur front. C'est afin d'indiquer les moyens d'accomplir le plus fructueusement possible ce précepte divin, que nous venons soumettre à notre pays des combinaisons destinées à faciliter la réalisation de notre programme : il deviendra bientôt une réalité, si l'on consent à exécuter successivement, avec l'ensemble nécessaire et par les moyens que nous indiquerons, les travaux suivants :

1° Creuser et dégager convenablement le lit des fleuves et des rivières;

2° Établir à côté des fleuves et des grandes rivières, un large canal propre à la navigation à vapeur;

3° Établir des canaux moins larges, et qui seraient perpendiculaires aux fleuves, rivières et canaux ci-dessus mentionnés.

Ces canaux accessoires procureraient de nombreux moyens très-économiques de transport pour les amendements, tels que marnes, plâtre, chaux, cendres, tourbes, etc., si propres à rendre la fertilité aux terres arides; ils serviraient aussi dans certains cas à fournir de l'eau pour les usines, les irrigations, etc.

4° Élever le long des fleuves, des rivières et des canaux, des digues d'une hauteur et d'une largeur suffisantes, qui seront utilisées et consolidées par des plantations de *grands arbres fruitiers*, tels que noyers, châtaigniers, cormiers, poiriers, pommiers, oliviers, etc., choisis suivant les localités;

5° Reboiser d'abord et successivement les terrains les plus en pente, en grands arbres fruitiers, les plus productifs et les plus favorables, d'après les localités.

Nous décrirons, à la fin de ce travail, un procédé productif et peu dispendieux, pour assurer la réussite de ce genre de reboisement, à l'aide de la culture préparatoire de l'*igname,* variété *dioscorea alata*, Linn. Cette racine alimentaire *à fécule*, a la propriété, à peu près comme le potiron, de dépasser l'énorme poids de 30 kilogrammes, lorsqu'elle est placée dans les conditions voulues.

6° Tracer des saignées, ou rigoles transversales, à partir du sommet des montagnes ou des coteaux les plus rapides, et aboutissant à des bassins ou des réservoirs creusés à mi-côte, qui seront d'une grandeur et d'une profondeur relatives et sagement calculées. Ces réservoirs seront destinés, avec les rigoles, à atténuer les désastreux effets des trombes et des pluies torrentielles; ils serviront encore à fertiliser la moitié inférieure de la montagne, avec les vallées et les plaines, par l'application des systèmes d'irrigations les plus habilement calculées.

Tels sont en abrégé les principaux moyens à employer pour

opérer une transformation extrêmement utile et avantageuse, extrêmement gracieuse et hygiénique, sur cette intéressante contrée qui se nomme la France, et qui n'est qu'une petite portion de ce beau et vaste domaine qu'on appelle le globe, et que la Providence a livré en toute propriété aux soins et à l'exploitation intelligente de la nombreuse famille du genre humain.

Quel que soit le côté grandiose et utile des travaux que nous venons d'énumérer, ils pourront néanmoins s'exécuter sans qu'il en coûte rien, ou *presque rien* au trésor de l'État. Tous les intérêts financiers et autres préexistants continueront à être parfaitement sauvegardés, comme par le passé; ils seront même encore plus consolidés, par une augmentation prépondérante dans les éléments de la prospérité générale. C'est ce qu'il nous sera facile de démontrer en faisant connaître les voies et moyens à employer pour la réalisation du système.

Lorsque Louis XIV fit établir les premières grandes routes, les gens riches cessèrent de voyager lentement en litière par de mauvais sentiers de traverse. Les postes et les diligences commencèrent à s'organiser, et depuis, les diverses provinces purent communiquer entre elles, au moyen de ces routes devenues carrossables. De cette époque récente, datent seulement les points de départ d'une véritable civilisation.

Des routes et des canaux, voilà les éléments indispensables pour assurer le développement de l'agriculture. Depuis des milliers d'années les Chinois en fournissent la preuve. Après eux, ce sont les Anglais et les Hollandais qui ont le mieux progressé dans cette voie de prospérité intérieure. Nous ne pouvons nous empêcher de citer, à cette occasion, un proverbe bien connu qui sert à exprimer les plus remarquables aptitudes des peuples européens lorsqu'ils se sont livrés aux entreprises scabreuses de leurs colonisations en Amérique. Ce proverbe dit, que les Anglais commencent par faire des routes, et les Hollandais par creuser des canaux, tandis que les Français s'empressent de bâtir un théâtre, et les Espagnols une église.

On a reconnu plus que jamais la nécessité de mulptiplier ces voies de communications commencées sous Louis XIV, et l'on peut dire que ce sont les chemins vicinaux, actuellement presque entièrement achevés, qui sont venus les compléter. Nous devons ici faire remarquer que ces nombreux chemins vicinaux qui sont de la plus grande utilité dans l'ensemble du système, n'ont cependant *rien coûté* à l'État. Il n'ont pas apporté non plus, pour subvenir aux dépenses nécessitées pour leur établissement, aucune perturbation, ni aucune surcharge dans les divers services administratifs. La raison en est simple et palpable ; leur exécution ne pouvait être ni embarrassante, ni coûteuse, parce qu'elle a eu lieu dans des conditions normales, avec un laps de temps suffisant et avec l'emploi de moyens spéciaux nécessités par la nature de leurs travaux et de leur destination.

Il en a toujours été de même pour tous les grands travaux d'utilité générale qui doivent concourir à l'accroissement de la prospérité publique, et qui ne peuvent s'improviser. Hâtons-nous de le dire ; il en sera presque entièrement de même pour l'exécution de notre programme que nous venons soumettre au jugement du pays. Pour le moment, il ne s'agit pour ainsi dire, que de faire donner le premier coup de pioche, comme a fait Louis XIV, lorsqu'il a pris pendant tout son règne, l'initiative de son vaste système de routes qu'il n'a pu voir achever totalement. Il est vrai que le système d'endiguement nécessite pour l'instant des travaux des plus urgents. Mais il est certain qu'on ne pourrait se promettre de voir s'accomplir notre programme dans son *entier*, dans une seule génération. D'autres seront chargées de continuer ce que Napoléon III aura commencé, en imprimant le mouvement le plus favorable à cette œuvre digne d'être accueillie et appréciée sous son règne.

Si une aussi grande œuvre demande beaucoup de temps pour être parachevée, ne sait-on pas que la vie des peuples est éternelle comme le temps qui, dans son cours, voit les siècles se succéder dans un cercle de perpétuelles rénovations ? L'avenir n'est-il pas d'ailleurs le partage des futures générations ? Travaillons donc pour elles comme celles précédentes l'ont fait pour nous, et nous remplirons le but de la Providence, tout en donnant une large et nouvelle satisfaction aux besoins de notre époque.

§ II. — VOIES ET MOYENS.

Déjà nous avons fait pressentir, dans ce qui précède, que la plus grande partie des travaux à exécuter pour la réalisation des six parties principales du système proposé, seraient entrepris au moyen de prestations en nature et de centimes additionnels, à l'instar de ce qui a lieu pour les chemins vicinaux. De même que pour l'établissement et l'entretien de ces sortes de chemins, les travaux ont dû en être poursuivis *simultanément* dans *toutes* les communes de France, de même les travaux de reboisement, d'endiguement, etc., concernant le système, devront aussi être commencés simultanément dans toutes les communes rurales.

Dans le nombre de ces communes, il y en aura qui, en raison de l'importance et de l'urgence des travaux à faire, auront besoin d'assez fortes subventions, tandis que dans d'autres les prestations et les centimes additionnels déterminés chaque année seront suffisants. Pour ces dernières communes, les travaux du système s'y continueront avec ces seules ressources, de la même manière que pour les chemins vicinaux. Quant aux communes auxquelles il sera accordé en plus des allocations particulières, nécessitées par certains travaux, le remboursement de ces subventions aura lieu par les communes et y sera fait au moyen de constitutions de rentes perpétuelles. Le capital de ces rentes se composera du montant de la plus-value qu'auront acquise par ces travaux les terrains communaux. Les produits de ces mêmes terrains continueront, comme auparavant, d'appartenir aux communes qui seront chargées de leur culture et d'en percevoir les fruits, et qui en auront la jouissance exclusive.

On conçoit qu'en agissant de cette manière, les dépenses *purement* à la charge de l'État seraient considérablement diminuées. L'équivalent de ces dernières dépenses serait remboursé ou amorti, au moyen :

1° Des nouveaux droits de péage sur la navigation pratiquée

sur les fleuves et rivières creusés et endigués, ainsi que sur la navigation des nouveaux canaux creusés ;

2° Des prix de ventes des nouvelles prises d'eau pour irrigations, usines, etc., que les nouveaux endiguements, réservoirs, canaux, etc., auront créés ou facilités au profit de l'agriculture et de l'industrie.

L'étendue et l'importance du programme que nous sommes obligé de renfermer dans le cadre étroit mis à notre disposition, ne nous permettent que de poser quelques jalons indispensables pour guider le lecteur intelligent dans l'étude du système. On comprendra facilement que la chose la plus pressée, pour le moment, est de se mettre promptement à l'œuvre, sous l'égide et avec le concours du Gouvernement. A l'aide de cet appui, les difficultés de détail s'aplaniront, et les salutaires mesures que nous avons indiquées ne tarderont pas à produire les excellents résultats annoncés, tout aussitôt qu'on aura pris une vigoureuse initiative pour leur exécution.

La France a sous sa main bien plus d'éléments de richesses et de prospérité que beaucoup d'autres nations, mais elle ne sait pas en tirer parti. Son agriculture est malheureusement une des plus arriérées, et un peu par sa faute. Les esprits y sont sans doute aux grandes questions de reboisement, d'endiguement, d'irrigations, de canalisation, de dessèchement, de drainage, etc., dont on parle beaucoup depuis longtemps, sans que pour cela on en ait avancé la solution dans la pratique. Si l'on veut entrer franchement et loyalement dans l'exécution du programme qui vient d'être tracé, une nouvelle ère de prospérité s'ouvrira bientôt à l'avantage du pays. Ce n'est pas toujours au loin que les peuples doivent aller à la recherche des éléments de bien-être qui presque toujours leur échappent, pour ne leur produire que de cruelles déceptions; il leur est bien souvent plus avantageux d'employer leurs forces les plus vives à faire fructifier et à embellir le sol qui les nourrit et qui les a vus naître.

Chez nous, le plus grand nombre des travaux faits isolément, sont trop disséminés dans la vaste usine de l'agriculture; ils y deviennent presque insignifiants, faute de l'ensemble et de la bonne direction qu'il est nécessaire de leur imprimer. Ces rares améliorations sont d'ailleurs trop minimes et trop peu importantes, pour produire quelques effets un peu sensibles dans les résultats généraux : elles auraient besoin d'être coordonnées et continuées avec cet esprit de suite et de persévérance qui seul appartient aux gouvernements stables et prospères. C'est pourquoi, dans le projet que nous avons proposé, la main puissante de Napoléon III est seule capable d'y apporter l'unité directrice, indispensable pour en assurer le succès, en y ajoutant l'appui des autres éléments de force et de science dont son gouvernement dispose. Ses légions d'ingénieurs auront, en effet, bientôt réuni des études consciencieuses et éclairées sur les meilleurs plans à suivre pour l'accomplissement de notre programme.

La seule partie du système dont nous croyons devoir nous réserver l'indication exclusive et détaillée dans ses moyens d'exécution, est une tâche que nous tenons à remplir, étant bien convaincu que nos explications à ce sujet ne pourraient pas être suppléées, et qu'elles contribueront efficacement à assurer le plein succès de l'œuvre. C'est ce dont on sera parfaitement persuadé lorsqu'on aura pris connaissance de l'appendice qui terminera notre présent travail. Nous y donnerons la description des véritables procédés à suivre dans la culture de la variété de l'igname, *dioscorea alata*, Linn. En attendant, nous dirons que cette culture deviendra la meilleure préparation préliminaire pour obtenir, sur les terrains en pente dont nous avons parlé, les conditions les plus avantageuses pour leur reboisement par les grands arbres fruitiers. Quelques explications sommaires vont donner la clé de cette proposition, qui, sans cela, resterait une énigme pour le lecteur.

L'igname, variété *dioscorea alata*, est une racine alimentaire *à fécule* très-nourrissante; elle a la propriété, à peu près comme notre potiron, de dépasser l'énorme poids de 30 kilogrammes, lorsque sa culture est pratiquée avec les connaissances et dans les conditions voulues. Or, ces conditions, ainsi que nous allons l'expliquer plus au long, à la fin de l'exposé de notre programme, consistent entre autres, à creuser une fosse de la dimension depuis un demi-mètre jusqu'à un mètre de profondeur et de largeur, sans laquelle l'igname ne pourrait pas acquérir son énorme développement.

Il n'est pas hors de propos d'avertir le lecteur que pendant plus de vingt ans, nous avons suivi *comparativement* la culture de cette racine alimentaire avec plusieurs autres aussi *à fécule* et de genres botaniques différents. Toutes ces diverses racines, déjà parfaitement connues, sont *vulgarisées* dans toutes les autres parties du globe, à l'exception de l'Europe; elles y forment la base d'une nourriture aussi saine qu'abondante; et, pour terminer cette petite note historique sur ces intéressantes racines à fécule, nous ajouterons que depuis 1830, date du commencement de nos nombreuses et pressantes publications sur ce sujet (7 brochures et des centaines d'articles dans les journaux), nous avons constamment cherché à décider l'Europe à réparer l'énorme faute qu'elle a faite de n'avoir adopté dans son agriculture qu'une seule racine à fécule. Malgré la maladie des pommes de terre, malgré les disettes, les famines et les révolutions qui en ont été la suite, rien n'a pu faire sortir l'Europe de sa fatale indifférence sur les sages conseils que nous n'avons cessé de donner à cet égard.

Pour expliquer une aussi fatale insouciance, la vérité exige que nous en indiquions la cause principale, comme provenant des erreurs et des préjugés de la science officielle, des sociétés d'acclimatation et autres. Nous avons parfaitement démontré que ces erreurs n'ont que trop contribué à empêcher l'introduction de ces importantes racines, qui sont destinées à venir puissamment en aide à la parmentière par la diversité de leurs assolements et de leurs préparations culinaires. Cependant, pour être juste, au nombre des obstacles élevés contre l'adoption de la culture de ces nouvelles racines alimentaires, dont quelques-unes sont supérieures à la pomme de terre, il faut placer en ligne de compte cette répulsion presque invincible existante contre toute innovation d'une haute portée. On n'a pas oublié, en effet, que les efforts persévérants de Louis XVI et de Parmentier auraient peut-être échoué, sans la famine de 1793, qui seule put déterminer les agriculteurs en France à s'occuper sérieusement de la culture *en grand* de la pomme de terre.

Ceci une fois dit, nous revenons au grave sujet de l'important programme qui nous occupe encore plus immédiatement.

§ III. — BARRAGE ET DRAINAGE, REBOISEMENT.

Après quelques études préliminaires faites dans l'ordre des iédes émises précédemment, il est certain qu'on doit d'abord s'occuper, à l'instant même et provisoirement, des reconstructions et réparations des digues renversées ou endommagées. Quant aux digues à refaire sur un nouveau plan, elles devront nécessairement présenter plus de hauteur et de largeur qu'on ne leur en avait donné habituellement ; elles devront être en outre fortement consolidées par les plantations de grands arbres fruitiers dont nous avons parlé. Dans le même but de consolidation, on devra ajouter des plantations d'oseraies, à partir du bas des digues jusqu'à leur sommet. Ces indications doivent suffire pour suppléer aux autres détails dans lesquels nous devons nous abstenir d'entrer. Pour ce qui concerne les digues des canaux, elles devront être construites d'après les mêmes principes et avec les modifications nécessaires ; car en toutes choses, il ne peut rien y avoir d'absolu.

Il deviendra indispensable d'ajouter à toutes ces nouvelles dispositions préservatrices, de reboisement, d'endiguement, de dégagement du lit des fleuves et des rivières, de canalisation, que nous avons mentionnées, celles non moins importantes signalées dans divers systèmes de *barrage* et de *drainage*. A l'égard du drainage, nous pensons qu'il pourra être d'une certaine efficacité pour le but à atteindre, si on l'exécute avec l'intelligence nécessaire, et de manière à ce qu'il présente une série suffisante de puisards ou puits perdus, perforés et tubés, qui seront destinés à faciliter l'absorption des eaux surabondantes. Ces sortes de puisards ou puits perdus, ordinairement peu profonds et aboutissant à la couche perméable du sous-sol, seraient placés sur les bords immédiats des fleuves, rivières, canaux et bassins. Leur orifice évasé et en forme d'entonnoir, serait maintenu à la hauteur voulue pour les grandes eaux surabondantes destinées à s'y engouffrer. Évidemment, tous ces puisards apporteraient aussi leur contingent d'opposition contre les envahissements et les débordements des eaux; il en serait de même des barrages, dont la construction, dans certains cas, deviendrait d'une grande portée dans l'ensemble du système préservateur.

Enfin, pour tout ce qui est relatif à l'opération du reboisement en grands arbres fruitiers, nous parlerons des travaux à exécuter, en même temps que de la culture préparatoire de la variété de l'igname, dite *alata*, qui doit assurer le succès des plantations à faire. Dès à présent, nous pouvons affirmer que les populations qui se livreront à cette culture, d'après nos procédés, trouveront dans ses produits la base d'une nourriture plus saine et plus abondante que celle de la pomme de terre.

Si l'on réfléchit aux résultats promis par l'application de notre programme, on sera convaincu que son exécution, sans être onéreuse ni dans le présent ni dans l'avenir, sera au contraire immédiatement profitable au développement de la richesse et du bien-être du pays.

En effet, les plus-values données par les travaux exécutés sur les terrains en pente, et sur les chaussées ou digues mises en bon rapport par leurs productions agricoles; celles obtenues par des irrigations multipliées et rendues faciles sur de vastes étendues de terrains, auront réellement une valeur considérable. Toutes ces améliorations amèneront l'abondance dans les ressources alimentaires, et avec elles la vie à bon marché, le développement de l'industrie et du commerce.

Sous un autre point de vue, les importantes productions agricoles qui seront les fruits des travaux et des nouvelles cultures appliquées aux reboisement et endiguement, présenteront des résultats encore supérieurs à ceux qui viennent d'être énumérés. Ces utiles travaux assureront une occupation permanente aux classes les plus infimes de toutes les communes rurales. On sait que ces classes se composent principalement des simples journaliers, c'est-à-dire de ceux qui, n'ayant point de profession, sont obligés pour vivre, eux et leur famille, de mettre leurs bras à la disposition de ceux qui veulent les employer. Ces hommes de bonne volonté, ordinairement sobres et laborieux, seront facilement embrigadés, eux et leur famille, à un prix modique, pour exécuter les travaux, à la tâche ou autrement, qui leur seraient confiés.

Jamais, sans doute, l'occasion ne fut plus opportune pour songer sérieusement à une pareille œuvre. Les chemins vicinaux sont actuellement achevés, et les réseaux des voies ferrées sont sur le point d'être complétés. Les immenses et utiles travaux de barrage, de drainage, d'endiguement, de reboisement, de canalisation, d'irrigations, etc., viendront donc fort à propos pour donner de l'occupation à ces armées de travailleurs.

Les Hollandais, peuple sérieux et laborieux, ont bien su conquérir sur la mer une forte portion de leur territoire, en élevant de puissantes digues : ils n'ont jamais reculé devant les dépenses exigées pour leur construction et leur entretien ; ils savent y apporter le zèle et la patience qui les caractérisent. Un si bon exemple ne sera pas perdu pour nous. Peut-être la Providence ne nous a-t-elle envoyé ces dernières épreuves que pour nous forcer à sortir de notre indifférence, et pour nous obliger à entreprendre les utiles travaux réclamés dans l'intérêt des progrès de notre agriculture beaucoup trop délaissée. Les remarquables améliorations que nous proposons, ne sauraient être dédaignées comme par le passé, nous en avons la conviction ; elles sont trop fécondes en résultats avantageux pour qu'elles ne trouvent pas de place dans ce rapide mouvement du siècle vers ce bien-être matériel, que tous les esprits, tous les cœurs généreux ont le désir de voir se généraliser. Les moyens que nous indiquons pour atteindre un semblable but, portent avec eux ce cachet de raison et d'évidence qui doit les faire adopter.

Nous allons bientôt aborder la question des meilleurs procédés à suivre dans la culture de la variété de l'igname *dioscorea alata*, dont nous avons parlé. On reconnaîtra, ainsi que nous l'avons annoncé, que cette culture préparatoire doit extrêmement faciliter le reboisement des terrains arides et fortement en pente, par la nouvelle méthode que nous avons préconisée, tout en assurant d'abondants et hygiéniques produits alimentaires destinés à augmenter la masse habituelle des subsistances.

Mais avant d'entrer dans la description de ces divers procédés de culture, nous croyons indispensable de rappeler d'abord quelques principes généraux de la physique du globe et de la physiologie végétale; principes qu'on ne doit pas oublier, si l'on veut bien étudier et bien apprécier l'ensemble d'un système de reboisement et les bons effets qui doivent être la conséquence de son application.

On sait que les forêts, et plus particulièrement celles qui couronnent le sommet des montagnes, ont la propriété de fixer et de dissoudre les nuages, même isolés et passagers. Ces forêts font l'office de véritables syphons pour ces nuages errants qu'elles attirent et qui, en se dissolvant insensiblement sans pluie et sous une forme brumeuse, servent à alimenter perpétuellement, les nombreux filets d'eau qui descendent, sous forme de ruisseaux, dans les vallées et dans les plaines, pour y entretenir la vie et la fraîcheur. Combien de fois en Amérique, sous les climats intertropicaux, n'avons-nous pas eu l'occasion d'étudier et d'admirer ce remarquable phénomène si connu des physiciens et des naturalistes?

Lorsque, dans quelques parties de ces vastes contrées, les forêts vierges qui recouvraient les flancs des montagnes en eurent disparu, pour y faire place aux cultures caféyères; lorsqu'après vingt-cinq ou trente ans celles-ci eurent usé le sol, à la suite de sarclages réitérés et des pluies torrentielles qui l'ont dénudé, alors, sur ce sol aride et abandonné, on ne voit plus qu'une végétation chétive, brûlée et rabougrie. Là où existaient peu de temps avant de superbes et gigantesques forêts vierges,— toujours fraîches et verdoyantes, qui n'ont été détruites que pour donner place à des cultures passagères, — on ne trouve plus que l'image de l'aridité et de la stérilité. Il serait difficile d'ajouter foi à une transformation aussi rapide, aussi tranchée, si des milliers de témoins oculaires ne pouvaient l'attester.

Et qu'on ne s'imagine pas qu'il y aurait possibilité de rétablir dans un temps donné ces primitives forêts. Cette œuvre serait encore plus impossible à réaliser que sur plusieurs de nos montagnes, qui sont également devenues d'une aridité désespérante, depuis qu'elles ont perdu, à des époques reculées et souvent inconnues, cette épaisse chevelure dont la nature les avait ornées. Dans cet état primitif, elles remplissaient sans nul doute, comme les forêts vierges dont nous venons de parler, les utiles fonctions auxquelles la nature les avait destinées. Avec leur disparition, l'œuvre et l'harmonie de la nature se sont trouvées détruites, et avec elles les bienfaits que l'auteur de toutes choses y avait attachés. Il s'agit maintenant de chercher les moyens les plus propres à atténuer les funestes effets d'aussi graves désordres, d'aussi déplorables écarts; il s'agit de réparer le mieux possible les actes de vandalisme qui ont été commis en France, en y détruisant les forêts des terrains à pente rapide, pour les mettre en culture. La stérilité absolue dont ces terres ont été bientôt frappées a été la désastreuse conséquence de tous ces désordres profonds auxquels se sont livrées des générations plus avides qu'intelligentes. A cette première punition de stérilité se sont joints les fléaux des trombes et des inondations, qui viennent si souvent nous accabler.

Les anciens possédaient beaucoup mieux que nous le sentiment du respect pour l'harmonie des lois de la nature. Aussi, avaient-ils en quelque sorte divinisé les forêts et les avaient-ils placées sous la sauvegarde et sous la protection d'une infinité de génies tutélaires et vengeurs, pour les garantir des atteintes de la hache des profanes et des impies. Ces ingénieuses fictions du paganisme auraient déjà dû être un enseignement pour les peuples modernes : généralement plus instruits que les anciens en physique, ils n'en sont que plus coupables de s'être laissé entraîner par les séduisantes aberrations d'une aveugle cupidité. Parviendrons-nous à rétablir un équilibre si violemment rompu dans les lois éternelles de la nature? telle est la question à l'ordre du jour. Il est peu présumable que nous réussirons à la résoudre d'une manière satisfaisante, lorsque nous voyons les générations actuelles s'écarter de plus en plus en toutes choses de l'observation des préceptes qui devraient servir de guide à l'humanité. Nous en sommes rigoureusement punis par cette dégénérescence physique et morale, si rapide et si visible, qu'elle réclame au plus haut degré l'attention du philosophe et du législateur.

Dès que nous sommes arrivés à être parfaitement convaincus de l'urgente nécessité d'adopter l'ensemble d'un vaste système de reboisement, il devient indispensable d'entrer dans la combinaison qui en harmonisera le mieux toutes les parties. A cet effet, il faut y mettre tous nos soins et nous occuper sérieusement d'apporter à son exécution les conditions agricoles les plus profitables, d'après l'état des besoins et des moyens disponibles des populations.

En premier lieu, nous pensons que dans le plus grand nombre des cas, vouloir rétablir, par *semis*, des forêts sur des montagnes ou sur des coteaux extrêmement rapides, presque entièrement privés de terre végétale, serait une œuvre bien difficile, sinon tout à fait impossible, et, en tout état de choses, bien peu productive. Pour obvier à ces inconvénients, il devient nécessaire d'entreprendre sur ces mêmes terrains, la seule culture *préparatoire* propre à favoriser le reboisement, et qui, sous tous les rapports agricoles, sera d'un bon produit net, et en même temps des plus avantageux : il s'agit, on le sait d'avance, de la culture de la variété de l'igname dont nous avons déjà entretenu le lecteur.

Il est très-essentiel de ne pas confondre dans la pratique de la culture de ces nouvelles racines à *fécule*, que nous avons si souvent indiquées, la variété chinoise rapportée par M. de Montigny, avec celle de l'igname *dioscorea alata*. Les 160,000 bulbilles provenant de la Chine, et distribuées par la Société d'acclimatation dans toute la France, n'ont servi qu'à donner les plus fausses notions sur la qualité et sur la quotité des produits qu'on peut obtenir des bonnes variétés que nous avions indiquées. Cependant, antérieurement à cette distribution faite avec un grand apparat et avec un éclatant retentissement, M. le professeur Decaisne, avait signalé dans son rapport officiel, l'insignifiance des produits de cette variété chinoise dans notre agriculture en grand, afin de prémunir nos agriculteurs contre des espérances exagérées. De notre côté, nous avions combattu et réfuté publiquement toutes ces erreurs si préjudiciables, également dans le but de détourner nos cultivateurs de la fausse route dans laquelle on ne cessait de les entraîner.

Malheureusement, ni la voix de M. Decaisne, ni la nôtre n'ont été entendues ; et nous ne craignons pas de le redire, depuis nos premiers avertissements, on a fait perdre plus d'un quart de siècle à l'Europe en la trompant sur la direction qu'il lui fallait prendre. Au lieu de faire tourner ses efforts et ses essais sur les nombreuses racines alimentaires à *fécule* que nous n'avions cessé de lui recommander, racines qui sont *parfaitement connues*, comme étant *vulgarisées* dans toutes les autres parties du globe ; chaque Sangrado, chaque charlatan a voulu lui imposer sa doctrine particulière et personnelle, en lui disant avec la voix mensongère de la séduisante réclame : « Prenez mon ours, et le pays sera sauvé !... »

C'est ainsi que l'un lui a apporté la *picotiane ;* un autre l'*apios tuberosa ;* un autre l'*ulluca;* un autre la *fretillaria imperialis ;* un autre l'*arum esculentum*, etc., etc., toutes plantes *entièrement inconnues agricolement*, tout à fait insignifiantes, et restées un mythe, comme auparavant le *phormiumtenax*, ou lin de la Nouvelle-Zélande, si prodigieusement vanté par certains cuistres et certains jongleurs de l'époque. De pareilles supercheries, avouons-le, ne peuvent trouver leur raison d'être et leur explication naturelle, que dans cette fièvre de réclames qui domine le journalisme, et qui empêche les vérités de prévaloir, lorsqu'elles sont dépourvues d'artifice et de protection, comme sont celles que nous produisons.

Mais les hommes sérieux n'ignorent pas plus que nous, que l'agriculture ne se paie pas de vains mots et ne saurait se pratiquer en gants jaunes ni en bottes vernies. Ses progrès ne se réalisent pas non plus avec des parades de tréteaux, mais bien lorsqu'elle est appuyée sur cette austère simplicité et sur cette science réelle et pratique des Columelle, des Varron, des Olivier de Serres et de plusieurs autres illustrations qu'il n'est pas besoin de nommer.

On nous pardonnera cette courte digression, qui nous a paru indispensable pour expliquer les causes qui, jusqu'à présent, se sont opposées à ce que les racines alimentaires à *fécule* les plus utiles, n'ont pas été adoptées et expérimentées ; elle nous sert aussi à prouver la nécessité du choix à faire, — malgré les oppositions et les préjugés manifestés, — de la variété de l'igname *alata*, comme étant la plus propice à déterminer une révolution des plus favorables dans notre agriculture, par l'abondance et la supériorité de ses produits, ainsi que par les grandes facilités qu'elle apportera dans l'importante opération de notre système de reboisement par arbres fruitiers : nous allons donc entrer immédiatement dans la description succincte des procédés à suivre pour assurer la réussite de la culture de cette remarquable variété d'igname. C'est ce qui fera,—pour clore notre travail, — le sujet de quelques nouveaux aperçus qui doivent servir à compléter notre démonstration sur la certitude des avantages réservés au pays par l'adoption de notre programme.

§ IV ET DERNIER. — DE L'IGNAME, CONCLUSION.

La variété de l'igname dont il s'agit est, de sa nature, parmi toutes les racines alimentaires à *fécule* connues, celle qui est la plus propre à acquérir un énorme développement : son poids dépasse souvent plus de trente kilogrammes, nous l'avons déjà dit. — Par sa grosseur et non par sa forme, elle peut être comparée à nos potirons de forte dimension ; dès lors il devient évident que cette racine exigera, comme ces derniers, des préparations agricoles particulières destinées à favoriser cette remarquable disposition à prendre un aussi fort volume.

Tous les agriculteurs, bons praticiens, savent en effet que, dans le règne végétal de même que dans le règne animal, l'extrême développement plus ou moins rapide de certains végétaux et de certains animaux ne pourrait avoir lieu si on ne les plaçait pas dans des conditions toutes particulières et spéciales. La principale de ces conditions consiste avant tout, on le ait, à leur fournir une nourriture abondante et convenable. Sans l'accomplissement de cette première et indispensable obligation, le but que l'on a en vue ne pourrait pas être atteint. A ces abondants éléments nutritifs doit nécessairement être ajoutée l'expérience acquise par la pratique ; il faut encore y joindre des soins intelligents afin de viser à obtenir le produit net le plus élevé. Personne ne contestera ces vérités qui sont de tous les temps et de tous les lieux. Nous devons, à ces notions premières, ajouter que l'énorme développement de cette dioscorée, dite *alata*, n'altère en rien sa qualité, pas plus que celui normal du potiron ne préjudicie à la sienne.

Ces observations préliminaires faites, il ne nous reste plus qu'à décrire les procédés à suivre pour s'assurer de bonnes récoltes d'ignames.

MÉTHODE DE CULTURE.

On devra préparer, depuis le mois de novembre jusqu'en mars, des trous ou fosses qui auront depuis un demi-mètre jusqu'à un mètre de profondeur et de largeur. Ces fosses seront placées aux distances et dans l'alignement qu'on jugera les plus convenables pour opérer les transplantations des jeunes plants des grands arbres fruitiers qui doivent succéder aux ignames. Car après trois ou quatre ans de la culture des ignames, ces plantations d'arbres qui les remplaceront resteront à demeure, et de nouvelles cultures d'ignames seront ainsi faites ailleurs et successivement jusqu'à la fin du reboisement.

Ces trous ou fosses, après avoir été exécutés aussi bien que possible, devront être ensuite remplis à moitié avec des détritus de végétaux provenant des fougères, bruyères, mousses, brindilles, feuilles sèches, etc., mélangés soit avec un peu de cendres, de compost de fumier de ferme, plâtre, chaux ou marne, ou autres amendements et engrais choisis parmi les plus communs et les moins coûteux, et qui seront les plus propres à se décomposer lentement. Ils devront réunir le plus possible toutes les qualités essentielles pour fournir par l'assimilation une nourriture suffisante à la plante mise en contact avec ces engrais et amendements composés.

Sur cette couche de détritus on replacera à chaque trou la terre qu'on en avait sortie, et qui formera alors une élévation conique. Au moment de la plantation des ignames, — qui consistera en morceaux d'ignames, et plus particulièrement de ceux coupés près de la sommité, — on placera ces morceaux ou plants, qui sont à peu près dans le genre de ceux de la pomme de terre, — à une profondeur de vingt à vingt-cinq centimètres. Cette plantation devra ordinairement avoir lieu à partir du milieu de mars jusqu'à la fin d'avril.

Aussitôt que les ignames ainsi plantées auront poussé des jets d'environ un demi-mètre de longueur, et mieux avant, il sera temps de les ramer en plaçant sur chaque trou une perche de deux ou trois mètres de hauteur, en quelque sorte à la manière d'une houblonnière, les tiges grimpantes de l'igname ayant beaucoup d'analogie avec celles du houblon. Pour ce qui concerne la culture de l'igname pendant tout le temps de sa croissance, on lui donnera, comme à toute autre plante, les sarclages et buttages nécessaires. On pourra en faire la récolte en octobre ou novembre, et même jusqu'en décembre, suivant les circonstances. De sorte que cette racine alimentaire à fécule sera restée sept à huit mois en terre à partir du moment de sa plantation. Lors de la récolte, chaque fosse se trouvera presque entièrement remplie par une racine principale d'un poids remarquable. Après la récolte, les mêmes trous seront préparés comme la première fois, mais avec beaucoup plus de facilité.

Lorsque, pendant trois ou quatre ans, des récoltes successives auront eu lieu dans les mêmes fosses, la terre s'en trouvant bien préparée et bien ameublie, celles-ci seront très-favorablement disposées pour recevoir les jeunes plants des grands arbres fruitiers qui doivent servir au reboisement, ainsi que nous l'avons déjà expliqué.

Cependant nous ne devons pas passer sous silence un moyen qui nous paraît très-rationnel, pour arriver par une autre méthode, au reboisement par arbres fruitiers. Il s'agirait, au lieu des fosses que nous venons de mentionner, — d'ouvrir autant de tranchées ou fossés, dans les dimensions sus-rappelées, et qui seraient espacés et alignés convenablement, dans le but d'y faire des plantations d'ignames. — Entre deux plants d'ignames espacés de trois ou quatre mètres, on planterait en alignement, supposons plusieurs noix ou châtaignes. Pendant la durée des trois ou quatre ans de culture des ignames, les jeunes noyers ou châtaigners qui auraient poussé seraient soignés en même temps que les ignames. Au bout de trois ou quatre ans de culture, on ne laisserait sur place que les sujets des arbres le mieux conformés et suffisamment espacés ; les autres sujets seraient destinés à être vendus ou employés comme plants de pépinière. Cette dernière méthode, plus complète et non moins rationnelle que celle par trous isolés et distancés, serait peut-être préférable. Nous en abandonnons le choix à l'intelligence des cultivateurs. Il nous aura suffi de la leur avoir indiquée.

Nous n'avons pas la prétention de donner ici un traité *ex-professo* sur la culture de l'igname et des autres racines alimentaires à fécule qui peuvent suppléer à la pomme de terre et lui venir en aide. Les nombreux écrits que nous avons répandus à profusion depuis plus de vingt-cinq ans dans les journaux et dans sept brochures, y compris notre Examen critique du *Cosmos* de Humboldt, suivi de l'Exposé d'une nouvelle physique de l'univers, notre Nouvelle théorie de la végétation, etc., le tout basé sur plus de vingt ans de pratique et d'expériences continues, tous ces écrits, disons-nous, contenant de rares et curieux documents, ont suffisamment prouvé la nature des erreurs et des préjugés qui se sont opposés à l'adoption de la culture de ces racines alimentaires et de beaucoup d'autres plantes exotiques d'utilité et d'agrément des deux Indes. Les préjugés propagés par une fausse et stérile science d'emprunt, nous ne saurions trop le redire, ont fait éprouver à ces nouvelles cultures, et par des motifs différents, la même opposition que la pomme de terre a rencontrée pour sa propagation. Nos écrits qui ont pour eux le droit et la raison, auraient pu, sans ces obstacles, décider le public à réaliser notre système d'acclimatation. Mais les difficultés insurmontables sans cesse accumulées sur ce point par les doctrines erronées d'une fausse science, nous ont prouvé que pour parvenir à nettoyer ces modernes écuries d'Ogyas, il faudrait être un Hercule et nous ne sommes qu'un pygmée.

Il n'en reste pas moins avéré que ce sont ces préjugés qui, depuis plus d'un quart de siècle, ont jusqu'à présent étouffé la question et empêché sa solution. Quoi qu'il en soit, notre proposition si souvent renouvelée pour assurer la vulgarisation de ces intéressantes cultures, est passée pour ainsi dire inaperçue ; elle est donc restée dans son entier, et jamais occasion ne fut plus favorable que celle qui se présente, pour la faire sortir de l'oubli, malgré cette fièvre d'agiotage qui absorbe tous les esprits.

Sans cette funeste aberration et sans les préjugés scientifiques, depuis longtemps notre proposition eût fait son chemin et eût trouvé des prôneurs puissants ; car elle est d'une exécution si simple et si facile, qu'il suffit de l'énoncer pour prouver notre assertion. Quoi de moins dispendieux, en effet, que de créer, — ainsi que nous l'avons tant de fois répété — *une pépinière agricole modèle*, destinée à l'acclimatation immédiate et sans serres chaudes, de quantités de plantes d'utilité et d'agrément des deux Indes, et qui seraient ensuite vulgarisées par la voie commerciale? Cet établissement n'eût été que la continuation de la pensée de Napoléon Ier qui, lors du blocus continental, avait dit que la vraie science pouvait parvenir à mettre les Indes en France. En outre, l'intérêt particulier aurait dû parfaitement comprendre que cette pépinière bien dirigée, procurerait immensément de gloire et de profit à tous ceux qui voudraient prendre part à son exécution.

Nous avons fait connaître en maintes circonstances, l'impuissance et l'incapacité qui se sont opposées à la réalisation de notre système qui, dans le fait, n'est en quelque sorte que la confirmation de la combinaison de Napoléon Ier, lorsqu'il dota la France de nouvelles plantes utiles aux arts et à l'industrie. On se rappelle encore que ce souverain, digne des temps héroïques, avait su reconnaître, avec son coup d'œil supérieur, les immenses ressources agricoles de son vaste empire. Les bons résultats obtenus sous son règne, par l'introduction de la culture de nouvelles plantes tinctoriales tirées des contrées méridionales, avaient fourni la preuve à tous les esprits sérieux que cette route importante qui venait d'être ouverte au profit de l'agriculture et de l'industrie, devait être parcourue fructueusement dans son entier. On avait acquis la certitude que ces premiers succès étaient le prélude de beaucoup d'autres. Mais la mobilité du caractère national et le cours des événements ont fait perdre de vue, depuis un demi-siècle, cette grande conception napoléonienne. Quant à nous, pénétré de son importance, nous lui avons consacré nos études et nos travaux pendant tout le cours de notre existence, dans l'intention de faire profiter notre pays des avantages qu'il pourrait en retirer, s'il voulait enfin reconnaître la justesse et la portée de cette œuvre, jusqu'à ce jour si mal comprise.

On pourrait peut-être croire que l'institution, toute récente, de la Société d'acclimatation de Paris devrait servir à dissiper fortement les erreurs qui environnent ces questions d'acclimatation. Eh bien ! c'est tout le contraire. Ne possédant pas les connaissances scientifiques et pratiques nécessaires, toutes ces Sociétés d'acclimatation, d'horticulture, et autres, n'ont pas même encore pu parvenir à vulgariser en France la culture de la patate sucrée, dont elles s'occupent depuis un siècle, quoique cette culture soit la plus facile de toutes.

Sans doute, et nous en avons le ferme espoir, qu'il n'en sera pas de même pour la culture de l'igname, dont nous venons de rappeler les procédés, dans le but d'aider à la propagation et à la vulgarisation de la variété qui est la plus remarquable et la plus productive. Si l'on consent à se guider sur nos préceptes, basés sur une longue expérience, nous sommes certain qu'on réussira à obtenir de cette culture les plus hauts produits indiqués par la pratique d'une bonne économie rurale, tout en faisant rentrer, par notre méthode, les questions de reboisement et d'endiguement dans les conditions d'une exécution plus facile, plus praticable et plus avantageuse.

Il n'est pas hors de propos de faire remarquer qu'un journal anglais, le *Chamber's journal*, a tout récemment critiqué, fort à tort, selon nous, le reboisement, en disant que, loin de diminuer les effets désastreux des eaux, les forêts ne servaient qu'à augmenter la masse de ces dernières. (Voir le *Moniteur universel* du 8 juillet 1856.) Certainement, les forêts entretiennent l'humidité et la fraîcheur, comme nous l'avons dit ; elles s'opposent ainsi aux nuisibles effets des longues et extrêmes sécheresses, et en diminuent le fréquent retour partout où on les a rétablies : cela est incontestable. Mais lorsqu'on avance qu'elles rendent les inondations plus fortes et plus fréquentes, il y a exagération, pour ne pas dire plus.

Les feuilles des arbres ayant la propriété de favoriser le dépôt de la rosée, les arbres deviennent, en effet, des condensateurs entre l'air et la terre. Les contrées qui possèdent des forêts dans une juste proportion jouissent de l'équilibre météorologique nécessaire pour assurer la réussite de la culture des productions alimentaires les plus avantageuses. « Si la quantité de pluie, dit ce journal, est actuellement du double, à Sainte-Hélène, de ce qu'elle était pendant le séjour de l'empereur Napoléon, c'est un grand bienfait pour cette île : elle le doit aux plantations d'arbres qui y ont été faites à profusion dans ces derniers temps. » Ces utiles plantations y ont répandu un équilibre hygrométrique plus favorable aux productions du sol, comme le seront pour la France nos plantations par grands arbres fruitiers, lorsqu'elles y auront été exécutées au moyen de notre méthode préparatoire.

Ajoutons que la culture de la variété de l'igname *alata*, appliquée comme culture préparatoire du reboisement, pourra encore être pratiquée dans le même but, lorsqu'il s'agira des plantations de vergers. Ce sera un excellent moyen de plus pour vulgariser cette culture, qui doit devenir la planche de salut du pauvre ainsi que des petits cultivateurs.

Quoique cette transformation qui s'opérerait dans notre agriculture par la vulgarisation des racines à fécule que nous avons indiquées, fût pour la France une innovation des plus importantes, elle ne suffirait pas à elle seule pour atteindre le but. Nous avons aussi recommandé avec instance, et à plusieurs reprises, de compléter ce progrès par l'application des meilleurs systèmes : — d'irrigation, de reboisement, de dessèchement, de canalisation, d'endiguement, de défrichement, de drainage, etc.; — toujours d'accord, en cela, avec les bons économistes, nous n'avons discontinué d'avertir que si ces diverses améliorations agricoles n'étaient pas faites avec ensemble, et sur une vaste échelle, elles ne produiraient que des résultats insignifiants, et qui passeraient inaperçus.

Nous avons l'espoir que, dans ces circonstances solennelles, où nous voyons se réaliser des innovations si grandioses dans les arts et dans l'industrie, le progrès agricole seul ne restera pas en arrière. Pour qu'il n'en soit pas ainsi, gardons-nous surtout de nous laisser dominer par la légèreté et l'inconstance habituelles de notre caractère national. Portons-nous courageusement et avec persévérance à l'œuvre, afin de prouver que si nous savons nous placer au premier rang dans l'arène de la gloire, nous saurons également vaincre des fléaux que jusqu'à ce jour nous avions trop oublié de combattre. Ces utiles et pacifiques victoires, soyons-en bien convaincus, n'en auront pas moins de mérite que celles remportées au champ d'honneur.

Nous terminerons en donnant l'assurance que si l'on accomplit fidèlement le programme que nous venons soumettre au jugement du pays, la fécondité et l'abondance seront la juste récompense de nos soins et de nos travaux pour fertiliser le sol de la patrie. C'est alors qu'on y verra se tarir cette coupe de larmes et de misères devenue le partage des nations inintelligentes qui, en désaccord avec les hautes vues de la Providence, ont eu le malheur, dans leur fatal aveuglement, de trop négliger le premier des arts, l'agriculture, cet art tellement vénéré chez les plus anciens peuples, qu'ils avaient cru devoir le diviniser sous les noms symboliques de Cérès, Bacchus et Pomone. Sachons donc les imiter, ces peuples éclairés, qui possédaient à un si haut degré le sentiment du vrai et du beau, en dirigeant, comme eux, nos efforts et notre intelligence vers l'agriculture, cette mère nourricière du genre humain, et nous arriverons bientôt à cette phase de bonheur et de calme dans laquelle la sagesse des nations de l'antiquité avait su se maintenir pendant les longues périodes de leur plus grande prospérité.

Avant de clore notre travail, nous engageons les personnes

qui s'intéressent à la régénération de notre agriculture par l'augmentation de la fertilité et des produits du sol, à nous fournir les observations qui pourraient servir à élucider et à compléter notre système. Ces observations seront recueillies avec intérêt dans le prochain opuscule qui réunira les matériaux de ce programme, et qui sera vendu au profit des inondés.

Nota. L'auteur propose d'établir de compte à demi la pépinière dont il a été parlé. Il pourrait y ajouter l'application du plan de sa ferme indienne, qui donnerait des résultats plus lucratifs que ceux de la ferme Kenndy, ce *nec plus ultra* du progrès agricole de l'Angleterre.

APPENDICE DE LA DEUXIEME ÉDITION[1]

RÉGÉNÉRATION DE L'AGRICULTURE. — LES INDES EN FRANCE ET LA SÉRICICULTURE AILANTINE

La France possède sur son territoire une véritable et splendide oasis, plus brillante, et surtout plus utile pour elle que celles du désert saharien. Et cependant cette merveille de la nature, placée sous ses yeux, a jusqu'à présent passé, pour ainsi dire, inaperçue. Bien peu de gens, en effet, parmi nos bons Parisiens, et même parmi nos savants, ont à peine entendu parler, une fois dans leur vie, du petit port breton de Roscoff, et encore moins des singulières merveilles archéologiques et architecturales de ses antiques constructions urbaines, datant du moyen âge, non plus que de ses sites si éminemment pittoresques, ni sans doute *des productions intertropicales de son sol*, qui donnent à ce nouvel Éden un type tout à fait à part, extrêmement remarquable, et qui offre peut-être l'aspect le plus intéressant de tous ceux existants sous nos latitudes tempérées européennes.

Dans ce simple aperçu, nous n'avons certainement pas la prétention d'analyser, même succinctement, tous les genres de beautés naturelles renfermées sur la portion, trop étroitement circonscrite. du canton maritime dépendant du port et de la petite ville, de quatre mille âmes, de Roscoff. Nous mentionnerons à peine les nombreux et charmants îlots, aux émanations balsamiques, qui environnent ses baies tranquilles et sableuses,

1. Depuis la publication de notre première édition, aucun essai sérieux n'a été tenté pour l'introduction de la culture des racines alimentaires à *fécule, supérieures à la pomme de terre*, et des autres plantes exotiques que nous avions préconisées. Nous avons donc cru devoir ajouter à cette deuxième édition les nouveaux et remarquables documents qu'on va lire sur cet important sujet, dans l'espoir que le pays pourra enfin se décider à entrer dans cette voie fructueuse qui doit si fortement accroître sa prospérité.

destinées à devenir bientôt le rendez-vous de la fashion des amateurs de bains de mer, et de tous ceux qui ont besoin de respirer un air constamment tiède, si favorable aux poitrines délicates. Nous ne nous proposons ici que d'appeler exclusivement l'attention des agriculteurs et de quelques studieux appréciateurs des sciences naturelles sur le parti éminemment avantageux que pourrait tirer la France, pour le développement des progrès de son agriculture, de ce petit recoin, vraiment phénoménal et providentiel, formant la partie la plus fertile et la plus productive du territoire de l'Empire, aussi bien sous le rapport de nos plantes indigènes que pour celles dites *intertropicales*.

Et d'abord, pour ne rien avancer sur ce sujet qui ne soit authentiquement prouvé, nous nous servirons des renseignements donnés par un témoin oculaire qui vient de visiter Roscoff, et qui s'exprime ainsi dans le *Moniteur universel du soir* du 9 octobre 1866, article intitulé *Chronique* :

« ..... Ce qui distingue plus particulièrement Roscoff, c'est « la fécondité étrange, inouïe, longtemps inexplicable, de son « sol. Les plantes des tropiques y poussent en pleine terre ; les « jardins sont ombragés par des arbres de l'Afrique centrale ; « les figuiers y prennent, comme dans l'Inde, des proportions « colossales : il en est un qui couvre de son ombre 2,500 mè- « tres carrés de terrain. Ce géant du règne végétal abriterait un « régiment et le nourrirait de ses fruits.

« Les aloès, les palmiers, les oliviers, forment un magnifique « entourage à ce roi de la nature, et la vigne, si rare en Breta- « gne, court en guirlandes de pourpre d'un bosquet à l'autre.

« C'est d'un aspect féerique. »

Ensuite vient l'explication de la cause de ce phénomène de végétation tropicale ; explication qui est tirée de la récente découverte de ce grand courant océanique équatorial connu sous le nom de *gulf-stream*, dont les effets calorifiants sont actuellement bien constatés géographiquement et physiquement sur toute l'étendue de son parcours, jusqu'aux régions polaires arctiques.

Les cours les plus récents de géographie physique renferment de précieux détails sur ce grand courant océanique, ainsi que sur ses causes et ses effets. Sans qu'il soit nécessaire de recourir à ces ouvrages spéciaux, on peut très-bien se rendre compte du phénomène, d'après les seuls renseignements donnés dans l'article *Chronique* que nous continuons de citer :

« Jadis on cherchait à avoir le secret de l'énigme que présen-
« tait au voyageur le petit promontoire sur la pointe duquel
« Roscoff est bâti; on se demandait par quel miracle cette oasis
« du Sahara se trouvait transportée dans ce coin sauvage du Fi-
« nistère.

« La science, qui médite parfois ses réponses pendant trois
« mille ans, a fini par trouver la solution du problème.

« Il existe entre l'équateur et les pôles un double courant. Le
« soleil, en surchauffant, dans ces régions intertropicales, les
« couches supérieures de la mer, les dilate; ces eaux gonflées
« (qu'on nous passe le mot) montent, par conséquent, au-des-
« sus du niveau général des mers, et tendent à s'écouler vers
« un pôle ou l'autre, formant un courant sous-marin. D'autre
« part, les eaux des mers glaciales, considérablement refroi-
« dies à la surface, sont condensées; les couches élevées, plus
« lourdes, par conséquent, que les couches inférieures, pèsent
« sur celles-ci : il en résulte une pression et une chasse qui dé-
« terminent vers l'équateur un courant sous-marin très-froid.

« C'est ainsi que s'établit un double équilibre. Grâce à l'eau
« tiède des tropiques, il fait moins froid au pôle; grâce à l'eau
« glacée de l'océan boréal, il fait moins chaud sous la ligne.

« Or, continue le chroniqueur, ce courant vient précisément
« heurter le promontoire de Roscoff : il le bat avec force, il
« l'enveloppe, il le presse; de ce choc résulte un dégagement
« de calorique considérable : de là cette douceur de la tempé-
« rature.

« La neige et le froid sont inconnus dans cet heureux petit
« pays, Éden de la France.

« En outre, le flot qui arrose les plages étant extrêmement « riche en iode, le goëmon croît en abondance sur les rochers. « C'est un engrais qui ne coûte rien, et qui donne des résultats « prodigieux. Ainsi, la seule ville de Roscoff, avec son petit ter« ritoire, exporte chaque année pour l'Angleterre de 1 million « à 1 million 500,000 kilogrammes d'oignons...

« Ce que cette ville expédie de primeurs à Paris est incroya« ble : elle y envoie les premières asperges et les premiers arti« chauts. Elle devance le Midi et Alger aux Halles.

« On fait dans le même champ jusqu'à six récoltes diverses. « Après les artichauts, les choux-fleurs, puis les oignons, puis « encore les artichauts, puis des salades : ça pousse à vue « d'œil.

« Nous autres Parisiens, qui ne savons pas toujours comment « vient le blé, nous nous extasiions au milieu des splendeurs de « cette végétation équatoriale, et nous étions d'autant plus « joyeux au sein de ces merveilles que les jouissances n'en coû« taient pas grand'chose. Les hôtelliers de Roscoff écorchent « souvent leurs volailles, jamais les voyageurs.

« Quand je vous disais que ce port était l'Éden de la « France !... »

Maintenant que le lecteur a une idée suffisante du climat tout à fait exceptionnel du territoire de Roscoff, ainsi que de l'abondance et de la nature de ses productions agricoles, il comprendra mieux la portée et la justesse des données que nous allons lui soumettre. Nos observations à cet égard n'ayant d'autre but que de faire ressortir le parti extrêmement avantageux que l'on peut tirer de cette merveilleuse situation pour servir au développement des progrès de notre agriculture, nous sommes certain de fixer l'attention de tous ceux qui s'intéressent vivement à l'accroissement de la prospérité du pays.

Depuis bien des années, nous avons prouvé, — par notre Nouvelle théorie de la végétation, et par les principes exposés dans notre Examen critique du *Cosmos* de Humboldt, suivi de notre Nouvelle physique de l'univers basée sur une loi d'unité, et encore par notre Système complet pour se préserver des inondations en France, et enfin dans plusieurs autres publications, — que Napoléon Ier était dans le vrai, lorsqu'il soutenait, lors du blocus continental, que la *vraie* science pouvait réussir à mettre les Indes en France. Sans prendre à la lettre, — ainsi que tout esprit judicieux doit le faire, — cet aphorisme d'une si haute portée, on conçoit facilement que dans nos Gaules, originairement incultes et sauvages, le plus grand nombre des plantes qui y sont actuellement cultivées proviennent de l'Asie, berceau du genre humain, et que, sous ce rapport, il restait encore considérablement à faire.

Et, en effet, dans nos ouvrages spéciaux, où nous avons expliqué le mécanisme de la vitalité et l'unité de son action physique et normale dans les trois règnes, nous avons en même temps indiqué les moyens à employer *pour régénérer notre agriculture;* nous avons prouvé alors qu'un grand nombre de racines alimentaires à *fécule*, dont quelques-unes sont supérieures à la pomme de terre, et qui servent de base principale à la nourriture des populations indigènes de toutes les parties du globe, l'Europe exceptée, — pouvaient être introduites avec avantage dans nos climats tempérés; qu'il en était de même pour plusieurs autres plantes propres à l'alimentation, aux arts et à l'industrie; pour plusieurs arbres à fruits et autres plantes d'utilité et d'agrément provenant des deux Indes. Mais nos enseignements sur ce sujet, — quoique provenant du fruit de vingt ans d'expériences pratiques et de cultures comparatives, jointes à de sérieuses études sur la physique du globe, ont eu bien peu d'échos auprès de notre science officielle; car elle est réellement trop remplie de préjugés, et un peu trop dépourvue de connaissances suffisamment étendues en physiologie végétale et surtout en physique du globe, pour être convaincue que ces études et ces expériences fussent indispensables pour pouvoir obtenir de prompts et utiles résultats dans cette voie nouvelle de l'acclimatation. (Mais, pour être vrai, nous avouerons que ces mêmes études sont un peu plus avancées en Allemagne et en Angleterre qu'elles ne le sont en France.)

Afin d'obvier à ces graves inconvénients, et afin d'atténuer autant que possible les obstacles élevés par les préjugés et l'ignorance, nous croyons très à propos, en persévérant dans nos précédents efforts, d'indiquer aux hommes d'initiative et de progrès le territoire de Roscoff, comme étant le lieu tout à fait privilégié pour s'y livrer, avec les plus grands succès et avec les plus forts bénéfices, à la création de l'établissement agricole, rural, et en pleine terre, *d'une vaste pépinière* formée principalement de plantes tirées des deux Indes. Toutes ces diverses plantes seraient évidemment destinées à augmenter les richesses de l'agriculture et de l'horticulture de nos climats tempérés européens.

L'exécution, peu dispendieuse et hors ligne, de cette conception sans précédent, et qui pourrait aussi se présenter sous la forme pittoresque d'un petit spécimen de *ferme indienne*, assurerait *gloire et profit* à celui qui en prendrait l'initiative, tout en dotant la France d'un nouveau fleuron apporté à sa prospérité intérieure; fleuron des plus importants et des plus remarquables, qui devra être ajouté à tous ceux qu'elle a su déjà conquérir, en se plaçant à la tête de la civilisation et du progrès. Et il est encore évident que la Bretagne entière profiterait mieux que toutes les autres parties de la France des avantages résultant d'une pareille pépinière modèle. Jouissant plus particulièrement d'un climat éminemment tempéré et *océanique*, la Bretagne, — ainsi que nous en avons déjà donné les raisons physiques, — est la contrée la plus favorablement située pour faire de promptes et utiles acquisitions, pour son agriculture, parmi ces plantes nouvelles. En outre, sous le rapport de l'abondance et de la qualité des engrais accumulés sur la vaste étendue de ses côtes maritimes, cette province, bien mieux que d'autres, trouvera toujours à s'approvisionner facilement de cet inépuisable auxiliaire, si indispensable à la prospérité de toute bonne exploitation rurale. La puissance bien constatée de ces mêmes engrais procurera des moyens infaillibles pour obtenir sur ce sol privilégié le plein succès de la culture des plantes exotiques auxquelles on aurait intérêt d'accorder la préférence, d'après les résultats auparavant vérifiés sur la petite ferme indienne modèle dont nous venons de parler.

Nous ne cesserons donc de répéter, avec la plus entière conviction, que la Bretagne, — cette vaste et belle contrée, cette inépuisable pépinière d'excellents marins, si intéressante sous tous les rapports, enfin mieux comprise et mieux appréciée, — est destinée par son heureuse situation, et cela dans un prochain avenir, et notamment lorsque ses voies de communications en *tous genres* auront été complétées, — à se transformer en une véritable et riche Californie agricole, des plus variées et des plus fertiles. Et c'est ainsi qu'avec ce favorable point de départ, pourra se réaliser très-promptement notre système de régénération de l'agriculture pour la France entière, tel que nous l'avons précédemment conçu et suffisamment développé dans nos écrits sur l'enquête agricole et ailleurs. Nous y avons clairement prouvé, en effet, que ce ne serait qu'à l'aide des spécimens modèles horticoles pépiniéristes dont nous avons parlé, et auxquels seront joints nos spécimens modèles de composts d'engrais-amendements, établis simultanément sur *toutes* les écoles communales, — que cette précieuse régénération, tant désirée, se produirait tout aussitôt et sans aucuns frais.

On ne saurait contester, en effet, que ces innombrables spécimens modèles, qui sont de vrais drapeaux propagateurs de la science de l'acclimatation, étant rendus supérieurs à tous les autres par une méthode de culture *pratique et rurale* mieux raisonnée et plus conforme aux lois de la nature, et existants sur *tous* les points de la France, et notamment dans les modestes jardins de nos curés de campagne, — deviendront, pour les progrès de l'agriculture, les utiles compléments de nos *fermes modèles*. Ils seront, en quelque sorte, comme nos chemins vicinaux et ruraux, qui forment les compléments les plus indispensables de nos autres voies de communications. A la nomenclature si rapide de ces remarquables innovations, il ne faut pas oublier néanmoins d'y adjoindre le moderne et puissant concours de la chimie et de la mécanique agricoles, et en observant encore que ces *nouveaux* éléments de progrès, ainsi que tous les autres qui sont déjà introduits, rendront de plus en plus avantageuse en France la progression toujours croissante du morcellement des terres. Ces diverses considérations, d'une si haute portée, nous font espérer plus que jamais que notre système de régénération agricole sera bientôt adopté par les hommes sérieux et de bonne foi qui veulent réellement contribuer au développement de la prospérité du pays, et que l'appel que nous leur adressons à cet égard sera enfin entendu. Ce sera la meilleure manière de remplir le but de l'enquête agricole, et de donner la satisfaction la plus complète à toutes les conséquences qui en découlent. D'ailleurs, l'impulsion qui serait ainsi donnée à ce genre d'études et d'expérimentations agricoles si remarquables, entretiendrait une émulation constante sur tous les points du territoire de l'Empire; il pourrait aussi y devenir la partie non moins utile du programme à adopter, à cet égard, pour l'instruction primaire de nos campagnes.

Quant à la petite ville de Roscoff, déjà si intéressante sous tant d'autres aspects, et qui est appelée à un si brillant avenir, elle ne peut plus rester ignorée comme elle l'a été jusqu'à présent. Le moment est venu de la tirer de cet injuste oubli. Les transformations miraculeuses opérées à notre époque par la vapeur et par l'électricité, assurent dès à présent à cette jolie cité bretonne la jouissance des riches et brillants avantages dont la nature l'a si généreusement gratifiée; jouissance à laquelle la France et l'Europe tout entière ne peuvent manquer de prendre la part qui doit leur en revenir. Aussi avons-nous foi dans la future prospérité de ce nouveau monde tropical en miniature, et nous ne craignons pas d'être taxé d'exagération en disant que Roscoff méritera mieux, à juste titre, le surnom de *perle* de la Bretagne, que jadis ne l'avait obtenu la Pointe-à-Pitre, lorsqu'avant le tremblement de terre, et dans sa plus opulente phase, elle était désignée comme étant la perle des Antilles.

Napoléon Ier était donc bien dans le vrai, lorsqu'il prédisait que l'on pourrait parvenir à mettre les Indes en France, puisque cette œuvre y était réalisée en partie sur ce remarquable point de la Bretagne, et qu'il ne restait plus qu'à la continuer. Mais des esprits vulgaires, pleins des erreurs propagées par les données d'une fausse science d'emprunt, ne pouvaient être à la hauteur des conceptions du génie, lorsqu'il vient à découvrir des horizons nouveaux. Voilà pourquoi la science de l'acclimatation, actuellement si mal comprise, est sans doute condamnée, nous le craignons, à se traîner encore bien longtemps dans la fatale ornière de la routine et des préjugés qui paralysent tous les progrès lui restant à faire; car ceux qui s'occupent scientifiquement des questions d'acclimatation ont jusqu'à présent fait entièrement fausse route, pour n'avoir pas seulement su apprécier convenablement les énormes différences produites dans la vie végétale, sous nos latitudes tempérées, par les climats éminemment océaniques et par ceux purement continentaux.

Certainement dans l'accomplissement de cette œuvre du progrès qui a pour objet et pour but principal l'introduction, dans nos climats tempérés, de la culture de certaines plantes exotiques fort utiles, nous ne prétendons pas dire que les efforts de la Société d'acclimatation soient tout à fait nuls ; les superbes palais qu'elle a élevés au Bois de Boulogne pour loger ses plantes étrangères, sont sans doute parfaitement en harmonie avec tout le luxe et le confortable exigés d'un pareil établissement, pour être dignes de figurer parmi les autres merveilles journellement créées dans la capitale du monde civilisé. Mais le simple cultivateur, avouons-le, a besoin de consulter d'autres modèles moins luxueux et mieux à sa portée pour tirer bon parti des préceptes qu'on désire lui voir adopter. Aussi trouvera-t-il ces mêmes modèles dans les jardins spécimens des écoles communales et des presbytères dont nous avons parlé. Quoi qu'il en soit, dès à présent, la Société d'acclimatation a rendu un immense service à l'industrie séricicole, en mettant la France *entière* dans la possibilité de tirer le meilleur parti des richesses que peut procurer *partout* l'élevage des variétés plus robustes des nouveaux vers à soie provenant de la Chine et du Japon, et qui, il y a seulement quelques années, étaient encore totalement inconnus en Europe et ailleurs.

Tout le monde sait, en effet, par exemple, que le nouveau ver à soie extrêmement robuste, vivant en *plein air* sur les feuilles de l'ailante et du ricin, a déjà été le sujet de nombreuses expérimentations qui ont confirmé toutes les espérances qu'on en avait conçues. Malgré cela, et ce qui est pénible à constater, c'est qu'on néglige presque entièrement en France de profiter des ressources agricoles vraiment providentielles apportées principalement aux femmes, aux enfants et aux vieillards de nos campagnes, par les travaux avantageux de cette industrie séricicole qui leur sera plus profitable qu'aucune autre. Cependant en Amérique, cette nouvelle industrie s'y développe en ce moment avec une rapidité étonnante, bien faite pour exciter l'émulation de la France où, l'on devrait être mieux disposé que par le passé, à faire progresser plus sérieusement notre agriculture. Afin de prouver qu'à cet égard nous n'avançons rien qui ne soit de la plus grande exactitude, nous allons reproduire textuellement ici le rapport fait à l'Académie des sciences sur l'état de cette industrie séricicole en Amérique. Ce rapport qui est en date du 1er décembre 1862, et qui est inséré au *Moniteur* du 2 du même mois, s'exprime ainsi :

« M. Élie de Beaumont, secrétaire perpétuel, dépouille la « correspondance dans laquelle se trouve une note sur le pro- « grès de la culture du ver à soie, de l'ailante et du ricin :

« Un propriétaire agriculteur de Montevideo, M. Meyer, qui « avait reçu en 1861, de la direction de l'Ailantine, des graines « de ce précieux producteur de matière textile, vient d'envoyer « à Paris une trentaine de kilogrammes de cocons récoltés dans « ce pays. M. Antony Gelot, de l'Assomption (Paraguay), en ap- « portant ce produit, a appris à M. Guérin-Méneville que le « gouvernement de l'Uruguay, comprenant l'immense avenir de « cette introduction et voulant la favoriser efficacement, avait « accordé à M. Meyer l'intégrité des droits de sortie (5 pour 100 de « leur valeur) des cocons qui se récolteraient dans le pays : gé- « néreux encouragement qui le récompense magnifiquement « des peines qu'il s'est données, comme M. Guérin-Méneville « en France, pour doter l'agriculture et l'industrie d'une véri- « table source de richesse.

« Aujourd'hui le mouvement est tel dans ce pays que toutes « les graines de ricin que l'on pouvait y trouver ont été achetées « par les propriétaires qui s'empressent de les planter. On a « épuisé toutes celles des contrées voisines du Brésil, etc., et « l'on en fait demander jusqu'aux Canaries, et même en Sicile.

« Voici quelques passages de la lettre de M. Gelot :

« Le ricin (nourriture de ces vers métis qui mangent indifféremment cette plante et l'ailante) croît spontanément dans toute espèce de terrain de ces pays. Sa croissance est rapide au point d'atteindre plus d'un mètre de haut quatre mois après être sorti de terre, et il donne une immense quantité de feuilles d'un diamètre qui varie entre 25 et 35 centimètres. Dans ces conditions il est facile de calculer combien sera immense, avant peu d'années, la production de la soie (ailantine) dans ces contrées.

« En effet, c'est un travail qui peut n'être fait que par des femmes et des enfants, puisqu'il ne s'agit que de faire éclore les œufs, de porter les vers trois ou quatre jours après sur l'arbre, de les abandonner là pendant quarante à quarante-cinq jours, et d'aller récolter les cocons que l'on trouve agglomérés souvent sous une seule feuille jusqu'au nombre de cent.

« Dans ces pays sans hiver, où la nature est toujours en activité, on fera une éducation tous les quarante-cinq à cinquante jours, ou six ou sept récoltes par an. Avec un temps normal, ajoute M. Gelot, on peut ainsi récolter sur une *cuadra* de terrain (environ 1 hectare) 4 millions de cocons, qui, à raison de 6,000 au kilogramme, donnent 660 kilogrammes qui, vendus 3 francs le kilogramme, produisent un revenu de 1,980 francs. Si, pour ne rien exagérer, l'on diminue ce revenu de moitié, il restera encore, par *cuadra*, un produit de 990 francs.

« Ce que j'ai vu des premiers travaux de M. Meyer d'une part, d'autre part, l'enthousiasme avec lequel a été accueillie dans la république de l'Uruguay cette nouvelle branche d'industrie, enthousiasme qui ne tardera pas à gagner les provinces limitrophes, me donnent la conviction que, d'ici à dix ans, les provinces de la Plata fourniront à nos marchés d'Europe une quantité de soie ou de cocons dont l'importance en valeur égalera, si elle ne la dépasse, celle des cotons que produisent les États-Unis. »

D'après cette citation, on a pu se convaincre qu'en Amérique, le zèle des propriétaires et des cultivateurs y est autrement stimulé qu'en France, pour s'y livrer au développement des innovations agricoles qui paraissent offrir des bénéfices réels et certains, et cependant, selon nous, c'est tout le contraire qui devrait avoir lieu. Il n'en sera heureusement plus ainsi, il faut l'espérer, actuellement que les spécimens horticoles modèles des écoles communales et des presbytères vont fonctionner partout en France, dans le sens et avec les méthodes que nous avons indiquées. Et en effet, n'est-il pas exactement rationnel de penser que les triples et incessants efforts réunis du maire, du curé et de l'instituteur, joints souvent à ceux non moins bienveillants, non moins éclairés de quelques riches châtelains et châtelaines, seront plus favorables à la cause du véritable progrès agricole, à l'aide de ces spécimens modèles, que ne pourraient l'être toutes les sociétés d'acclimatation du globe. Car, par exemple, pour ce qui concerne la sériciculture par l'ailante et le ricin, il est évident que des plantations en seraient bientôt faites sur la plupart des communes, lorsqu'on serait convaincu que ce genre d'industrie séricicole y deviendrait un élément de travail fructueux, et surtout réellement efficace pour le soulagement des classes agricoles les plus faibles et les plus indigentes ; il en arriverait à peu près de même pour tout ce qui concernerait les autres innovations agricoles introduites par les mêmes moyens et qui seraient reconnues avantageuses.

Quant à ce qui concerne les préjugés existants sur les effets attribués à la différence des climats, nous devons faire connaître que nous avons prouvé péremptoirement dans notre Nouvelle théorie de la végétation, que la nature, dans l'unité de son travail sur le mécanisme de la vitalité des plantes, répare par une augmentation de force et de rapidité ce qu'elle a refusé en temps, pour assurer le parcours des phases de la végétation. D'où il résulte qu'en trois ou quatre mois, les abeilles, entre autres, font une récolte plus abondante de miel au nord, qu'elles ne pourraient le faire en douze mois dans les régions équatoriales ; que par les mêmes causes principales, nos latitudes maritimes polaires sont plus abondantes en végétaux sous-marins et en poissons, que les autres parties méridionales de l'Océan. Ces faits et beaucoup d'autres servent à expliquer la diversité des moyens employés par la nature pour arriver au même but, d'après les lois physiques qui régissent la constitution normale de notre globe, tant à son intérieur qu'à sa partie extérieure.

Nous terminerons notre rapide aperçu en rappelant une pensée philosophique qui n'est pas nouvelle, mais qui ne manque pas d'à-propos : tous les bons esprits sont aujourd'hui convaincus qu'à notre époque, et plus que jamais, les utiles et glorieux triomphes obtenus dans les luttes pacifiques des arts, de l'industrie et du commerce, valent certainement mieux, pour le bonheur des peuples, que les plus abondantes moissons de lauriers cueillis pendant l'enivrant et court prestige que procurent de sanglantes victoires, même suivies des plus vastes conquêtes.

OFFRE DE L'AUTEUR

L'auteur du système de la régénération de l'agriculture, offre de cultiver près Paris, en pleine terre et sans l'emploi des serres chaudes, un grand nombre de plantes exotiques prises parmi les plus utiles et les plus remarquables, telles notamment : *la canne à sucre, le bananier, le caféier*, etc., avec quantité de racines alimentaires à fécule, dont quelques-unes sont supérieures à la pomme de terre; plusieurs arbres à fruits des plus variés, et beaucoup d'autres plantes d'utilité et d'agrément tirées des deux Indes.

Ce genre de culture pratiqué sur un terrain convenablement disposé, pourrait présenter l'aspect flatteur d'un vaste square, ou plutôt d'une pépinière modèle très-intéressante et au besoin fort lucrative; et c'est ainsi que se trouveront justifiés les principes de la nouvelle théorie de la végétation entrevue par Linné et Humboldt, théorie développée et publiée par l'auteur; et qu'en même temps sera confirmée la haute pensée de Napoléon Ier, lorsqu'il a dit que la *vraie* science pourrait parvenir à mettre les Indes en France. Et c'est encore ainsi que notre agriculture beaucoup trop arriérée, sera enfin mise, — aussi avec le concours des sciences plus perfectionnées de la chimie et de la mécanique, — à l'unisson des autres progrès industriels de notre époque.

NOTA. Sous peu l'auteur publiera un opuscule dans lequel il indiquera les moyens à employer pour faire doubler en France la production vinicole et celle alimentaire agricole; le tout à l'aide d'une nouvelle méthode de culture, et de l'emploi judicieux de composts d'engrais-amendements industriels plus intelligemment combinés, sous les rapports de leur prix de revient et de leur efficacité.

SOMMAIRE

—

Avant-propos. — Énumération des principaux résultats obtenus par la réalisation de notre système. — Salomon de Caus, Franklin, Fulton. — Les modernes Sangrados. — Le lac Mœris. — La Bourse et ses jeux.

Travaux à exécuter pour se préserver des inondations. — Les voies de communications en *tous genres*, entièrement terminées, peuvent seules assurer d'immenses progrès à l'agriculture. — Les premières grandes routes sous Louis XIV. — Depuis plus de quatre mille ans les Chinois ont complété leur système de routes et de canaux. — Voies et moyens pour continuer l'œuvre commencée par Louis XIV.

Description de la variété de l'igname, *dioscorea alata*, de Linné. — Erreurs et préjugés de la science officielle. — Parmentier et Louis XVI.

Des barrages et des endiguements. — Les Hollandais ont conquis sur la mer une partie de leur territoire.

Des forêts considérées comme étant la chevelure de la terre. — De leur rôle dans les phénomènes physiques du globe. — Nécessité de s'occuper d'un bon système de reboisement. — Ce travail est digne du règne de Napoléon III.

Les terrains les plus dénudés et les plus en pente doivent être reboisés les premiers. — Moyen d'arriver à ce reboisement, avec de grands profits, par la culture préparatoire de l'*igname*. — Jongleries, causes des préventions élevées contre la réussite de cette culture et de beaucoup d'autres. — Nouvelle pépinière *agricole* à établir en France pour y vulgariser la culture d'un grand nombre de plantes exotiques des plus utiles.

L'agriculture chez les anciens. — Conclusion.

APPENDICE DE LA DEUXIÈME ÉDITION

RÉGÉNÉRATION DE L'AGRICULTURE. — LES INDES EN FRANCE ET LA SÉRICICULTURE AILANTINE.

Splendide oasis saharien à Roscoff, cité Bretonne. — Description de cette oasis. — Le *gulf-stream*. — Ce que c'est. — Il est la cause de cette végétation tropicale. — Le territoire de Roscoff, par ses productions, devance le Midi et Alger aux Halles Centrales de Paris. — Ce territoire doit être, mieux que tout autre, le point de départ pour réaliser la conception de Napoléon Ier qui a dit que la *vraie* science pouvait réussir à mettre les Indes en France. — Napoléon III, qui a compris la portée de cette œuvre, ne peut que la continuer.

Études préliminaires indispensables pour assurer, dans nos climats tempérés, le succès de la culture de certaines plantes exotiques fort utiles.

Les climats continentaux et ceux océaniques. — Ces derniers beaucoup plus favorables que les premiers à la bonne nutrition des plantes cultivées. — Pourquoi? — La Bretagne jouit d'un climat éminemment océanique. — Mieux qu'aucune autre contrée, elle est appelée à profiter de l'introduction de la culture d'un grand nombre de plantes exotiques. — Avec la puissante fertilité de ses abondants engrais maritimes, elle est destinée à devenir une véritable Californie agricole.

Nouveaux éléments de progrès apportés à la science de l'agriculture. — En quoi consiste notre système de régénération agricole. — Il n'est point un obstacle au morcellement des terres. — Son succès est assuré par les *spécimens horticoles* placés sur les écoles communales, et encore mieux dans les jardins des presbytères, — en y ajoutant l'application de notre méthode de *composts d'engrais-amendements*.

L'enquête agricole et ses conséquences. — Satisfaction complète lui est donnée par la réalisation de notre système.

Roscoff, *perle* de la Bretagne. — Les nouveaux horizons scientifiques signalés par Napoléon Ier. — État actuel de la science de l'acclimatation. — Progrès de l'industrie séricicole du ver à soie et de l'ailante, en Amérique. — Avenir de cette précieuse industrie en France. — Indication des moyens propres à en assurer le succès.

Quelques faits à l'appui de notre nouvelle théorie de la végétation. — Une pensée chrétienne. — Offres de l'auteur.

TYPOGRAPHIE ET LITHOGRAPHIE RENOU ET MAULDE, RUE DE RIVOLI, 144. — 56831

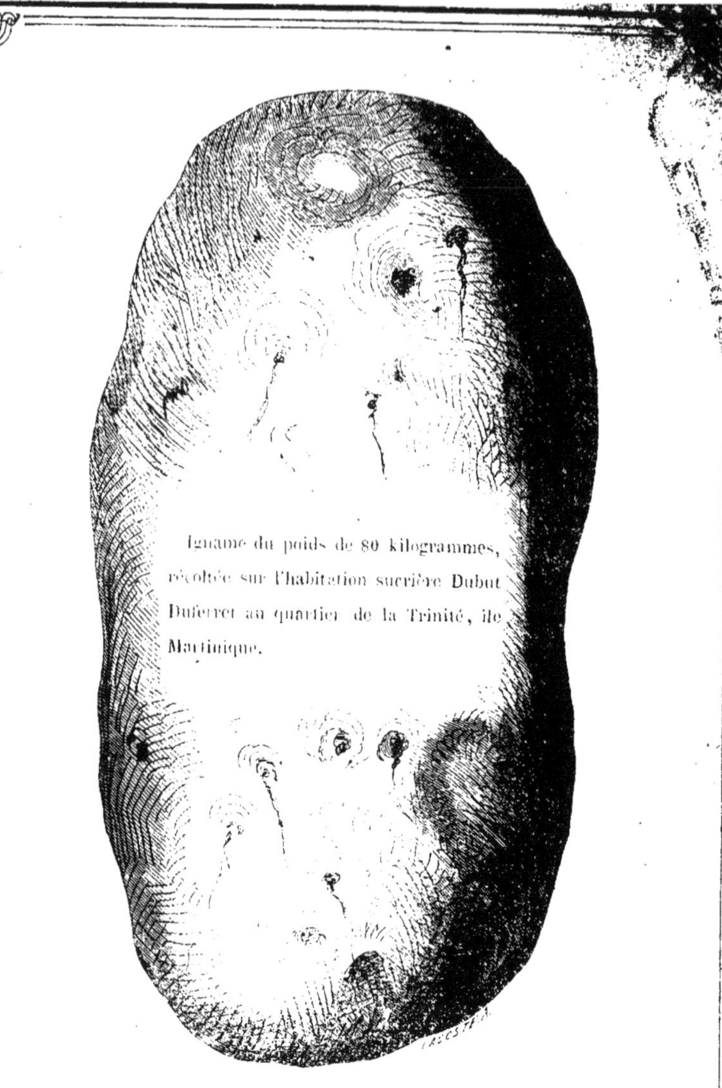

Igname du poids de 80 kilogrammes, récoltée sur l'habitation sucrière Dubut Duferret au quartier de la Trinité, île Martinique.

La vulgarisation de la culture de cette racine alimentaire *à fécule*, en France, y deviendra, avec la sériciculture ailantine, la planche de salut des classes indigentes, tout en apportant de nouveaux éléments de bien-être et de tranquillité pour le pays.

56831. — Imprimerie Renou et Maulde, rue de Rivoli, 144.

www.ingramcontent.com/pod-product-compliance
Ingram Content Group UK Ltd.
Pitfield, Milton Keynes, MK11 3LW, UK
UKHW021031180726
13838UKWH00004B/1724